# Förderung der allgemeinen mathematischen Kompetenzen "Problemlösen" und "Darstellen". Unterrichtsbeispiele aus der Stochastik

Julia Güntzel

**Bibliografische Information der Deutschen Nationalbibliothek:**

Die Deutsche Nationalbibliothek verzeichnet diese Publikation in der Deutschen Nationalbibliografie; detaillierte bibliografische Daten sind im Internet über http://dnb.d-nb.de abrufbar.

ISBN: 9783346618764
Dieses Buch ist auch als E-Book erhältlich.

© GRIN Publishing GmbH
Nymphenburger Straße 86
80636 München

Druck und Bindung: Books on Demand GmbH, Norderstedt Germany
Gedruckt auf säurefreiem Papier aus verantwortungsvollen Quellen

Das Buch bei GRIN: https://www.grin.com/document/985928

**Zweite Staatsprüfung für das Lehramt an Grundschulen**

# Schriftliche Hausarbeit

Thema:

**Förderung der allgemeinen mathematischen Kompetenzen „Problemlösen" und „Darstellen" mit Hilfe ausgewählter Unterrichtsbeispiele aus der Stochastik.**

**(2. Jahrgangsstufe)**

# INHALTSVERZEICHNIS

3

# I EINLEITUNG

*„Auftrag der Grundschule ist die Entfaltung grundlegender Bildung. Sie ist die Basis für weiterführendes Lernen und für die Fähigkeit zur selbstständigen Kulturaneignung"* (KMK 2005, S. 6) So lautet der erste Satz der Bildungsstandards für das Fach Mathematik, die im Jahr 2004 für den Primarbereich verbindlich festgelegt wurden. Dabei ist auch die Förderung mathematischer Kompetenzen ein wesentlicher Bestandteil dieses Bildungsauftrags.

*„Die Bildungsstandards beschreiben auf nationaler Ebene, orientiert an einer Idee von mathematischer Grundbildung im Primarbereich, mathematische Kompetenzen, die Schülerinnen und Schüler am Ende der vierten Jahrgangsstufe erreichen sollen"* (Walther u.a. 2012, S. 18 f.). Die Standards orientieren sich dabei an den traditionellen Sachgebieten des Mathematikunterrichts. Das wesentliche Ziel ist es, Mathematikunterricht nicht nur auf die Aneignung von Fertigkeiten und Kenntnisse zu reduzieren, sondern ein gesichertes Verständnis mathematischer Inhalte zu entwickeln. (vgl. ebd.)

Seit der Einführung der Bildungsstandards im Jahre 2004 wurde der Bereich der Stochastik unter der Leitidee „Daten, Häufigkeit und Wahrscheinlichkeit" als verbindlicher Inhalt im Mathematikunterricht der Grundschule festgelegt. Dieser Kompetenzbereich bietet eine nahezu unerschöpfliche Sammlung an Aufgaben, die ein Training aller allgemeinen mathematischen Kompetenzen bieten. Auch das nachfolgende Zitat von Winter macht deutlich, dass die Behandlung stochastischer Themen im Unterricht der Grundschule bedenkenlos gerechtfertig ist:

*„Wenn eine der Grundaufgaben allgemein bildender Schulen darin besteht, auf das Leben vorzubereiten und zur Erfassung der Wirklichkeit zu befähigen, dann kann man an dem Aspekt des ‚Zufalls im Leben' nicht vorbeigehen"* (Ulm 2010, S. 17). (vgl. ebd.)

Die vorliegende Arbeit soll einen Beitrag dazu leisten, an ausgewählten Unterrichtsbeispielen aus der Stochastik aufzuzeigen, wie das Problemlöseverhalten, sowie die Kompetenz des Darstellens, im Sinne der Bildungsstandards bei den Schülern einer zweiten Jahrgangsstufe gefördert werden kann. Ziel ist es, durch motivierende Problemstellungen mit den Schülern verschiedene heuristische Hilfsmittel und -strategien zu erarbeiten, die den Kindern bei der Durchdringung eines Problems und gleichzeitig bei der Darstellung ihrer individuellen Lösungswege helfen und auch weniger mathematisch begabten Kindern ein Erfolgserlebnis ermöglichen.

# II THEORETISCHE GRUNDLAGEN

Im Folgenden sollen zunächst der Kompetenzbegriff, die Kompetenz des Problemlösens und die Kompetenz des Darstellens genau erläutert werden. Im Anschluss werden mathema-tische Grundlagen der Stochastik dargelegt.

## 1 KOMPETENZEN

Bei der Formulierung der Bildungsstandards wird von zu entwickelnden bzw. zu erwerbenden Kompetenzen gesprochen.

Eine kurze Klärung des Begriffs der „Kompetenz" ist deshalb unverzichtbar, da ohne eine begriffliche Klarheit nicht entschieden werden kann, was es heißt, einen Unterricht zu gestalten, indem Kinder mathematische Kompetenzen erwerben. (vgl. Grassmann 2010, S. 14)

### 1.1 KOMPETENZBEGRIFF

Schlägt man den Begriff „Kompetenz" in der pädagogischen Fachliteratur nach, so stößt man auf eine Anzahl an unterschiedlichen Definitionen.

Das Wort „Kompetenz" stammt vom lateinischen Wort „competere" und bedeutet „zu etwas fähig sein, zusammentreffen, passen, ausreichen". Man könnte auch sagen, die Anforderungen an das Kind „passen" und es ist fähig eine bestimmte Tätigkeit auszuführen. Damit wird der wesentliche Kern von Kompetenzen deutlich: Kompetenzen sind immer inhalts- als auch situationsbezogen, denn sie erweisen sich letztlich erst in einer konkreten Problemsituation, die ein kompetentes Handeln erfordert. (vgl. Grassmann 2010, S. 14)

Weinert definiert Kompetenzen als *„die bei Individuen verfügbaren oder durch sie erlernbaren kognitiven Fähigkeiten und Fertigkeiten, um bestimmte Probleme zu lösen, sowie die damit verbundenen motivationalen, volitionalen und sozialen Bereitschaften und Fähigkeiten, um die Problemlösung in variablen Situationen erfolgreich und verantwortungsvoll nutzen zu können"* (Weinert 2001, S. 27).

Durch diese Definition wird deutlich, dass solide Kenntnisse eine unverzichtbare Basis des Kompetenzerwerbs darstellen, aber längst nicht ausreichend sind. Denn *„Mathematiklernen in der Grundschule darf nicht auf die Aneignung von Kenntnissen und Fertigkeiten reduziert werden"* (KMK 2005, S. 6), sondern das Ziel ist ein vernetztes, kumulatives, anschlussfähiges und auf Verstehen ausgerichtetes Lernen. (vgl. Walther 2012, S. 22)

Weiterhin bringt diese Definition zum Ausdruck, dass beim Erwerb als auch bei der Anwendung von Kompetenzen die Motivation, also die Bereitschaft zum kompetenten Handeln eine wichtige Rolle spielt.

Die individuelle Ausprägung der Kompetenz wird nach Weinert also von verschiedenen Facetten bestimmt, die auch in der nachfolgenden und abschließenden Definition des Kultusministeriums deutlich werden:

*„Kompetent ist eine Person, wenn sie bereit ist, neue Aufgaben- oder Problemstellungen zu lösen, und dieses auch kann. Hierbei muss sie Wissen bzw. Fähigkeiten erfolgreich abrufen, vor dem Hintergrund von Werthaltungen reflektieren sowie verantwortlich einsetzen"* (Bayerische Kompetenzdefinition) (BLLV, S. 4).

## 1.2 KOMPETENZ PROBLEMLÖSEN

### 1.2.1 Die Kompetenz Problemlösen in den Bildungsstandards

Das Problemlösen wird in den Bildungsstandards durch folgende Punkte beschrieben:

➢ *„Mathematische Kenntnisse Fertigkeiten und Fähigkeiten bei der Bearbeitung problemhaltiger Aufgaben anwenden,*

➢ *Lösungsstrategien entwickeln und nutzen*

➢ *Zusammenhänge erkennen, nutzen und auf ähnliche Sachverhalte übertragen"* (KMK 2005, S. 8)

Dadurch wird deutlich, dass es im Mathematikunterricht nicht darum geht, die Kinder nur zum Lösen von Routineaufgaben zu befähigen. Sie sollen vielmehr in der Lage sein, ihre mathematischen Kenntnisse und Fertigkeiten auch zur Lösung solcher Aufgaben anzuwenden, für die sie keinen Algorithmus kennen und deshalb selbstständig Lösungsstrategien entwickeln müssen. Dies wird auch in der folgenden Definition von Hardy deutlich:

*„Unter Problemen versteht man Aufgabenanforderungen, für deren Bewältigung ein Lernender keine bereits verfügbare Lösungsstrategie abrufen kann, sondern diese erst entwickeln muss. [...] Problemlösekompetenz bedeutet damit die Fähigkeit von Personen, neue Situationen mit einem fachlich angemessenen Repertoire an Methoden und Konzepten zu bewältigen. "* (Hardy 2007, S. 3)

Problemaufgaben können sowohl innermathematische Aufgaben als auch Anwendungsaufgaben sein. Problemhaltige Aufgaben sind durch das Vorhandensein einer Barriere gekennzeichnet, die der Lernende überwinden muss, um vom Ausgangs- zum Zielzustand zu gelangen. Während des Problemlöseprozesses greifen sie auf bereits Bekanntes (Operationen, Begriffe und Denkmodelle) zurück, vernetzen dieses im Sinne eines erfolgversprechenden Lösungsansatzes und erzeugen auf diese Weise im Finden der Lösung eigenständig neues Wissen inhaltlicher sowie strategisch-heuristischer Art. Deshalb steht in einer problemorientierten Unterrichtsgestaltung die aktive Auseinandersetzung mit geeigneten Problemstellungen, an denen die Schülerinnen und Schüler produktiv tätig werden können, im Mittelpunkt.

Die Kompetenz Probleme zu lösen, zeigt sich demnach darin, dass die Schülerinnen und Schüler über geeignete Strategien zur Auffindung mathematischer Lösungsansätze und Lösungswege verfügen und zudem darüber reflektieren können. Grundlegend sind dabei u. a. die Anwendung verschiedener heuristischer Prinzipien und das Verwenden geeigneter Hilfsmittel. (vgl. Bruder & Collet 2011, S. 11 ff., vgl. Hardy 2007, S. 3 ff.)

### 1.2.2 Problemlösen als Prozess

Der Begriff des mathematischen Problemlösens wurde maßgeblich durch Pólya geprägt. Er liefert mit seinem Werk „Schule des Denkens" (Pólya 1949) Grundlagen für das Lösen mathematischer Probleme. Er unterteilt den Problemlösevorgang in vier Phasen:

In der ersten Phase geht es um das Verstehen der Aufgabe. Dabei stellen die Lernenden geeignete Fragen und überprüfen die Lösbarkeit der Aufgaben. Eine erste Visualisierung könnte dabei hilfreich sein.

In Phase zwei (Ausdenken eines Plans) werden bekannte Strategien betrachtet und auf ihre Nutzbarkeit hin überprüft.

In der dritten Phase (Ausführung des Plans) soll jeder Schritt der Problemlösung auf die mathematische Richtigkeit kontrolliert werden.

In der vierten und letzten Phase, der Rückschau, reflektieren die Lernenden ihre Problemlösung und sollen die verwendete Methode für kommende Probleme nutzen. (vgl. Bruder & Collet 2011, S. 18)

Die Schüler sollen folglich lernen, eine für sie schwierige Aufgabe zu strukturieren und durch das Lösen vielfältiger mathematischer Probleme eine Problemlösefähigkeit zu entwickeln. Diese Entwicklung kann durch das Stellen geeigneter Fragen, den Einsatz von Hilfsmitteln zum besseren Verstehen des Problems, das Kennenlernen und bewusste Anwenden von Problemlösestrategien, sowie durch das stetige Reflektieren dieser Techniken und der Vorgehensweise, gefördert werden. (vgl. ebd., S. 18 f.)

### 1.2.3 Aspekte der Unterrichtsgestaltung zur Förderung der Kompetenz des Problemlösens

*„Von Archimedes ist der Ausspruch: Heureka- ich habs! überliefert"* (Bruder & Collet 2011, S. 34). Er drückt aus, dass das Problemlösen auch eine emotionale Seite hat. Sobald eine schwierige Aufgabe oder ein Problem gelöst wurde, lehnt man sich zurück und ist mit sich selbst und dem Ergebnis zufrieden. Solche Erfolgserlebnisse beim mathematischen Problemlösen können eine bedeutende Verstärkerfunktion für die Motivation und das Selbstwertgefühl der Lernenden haben. Um den Schülern solche Heureka- Effekte zu ermöglichen, müssen sie mit geeigneten Problemen konfrontiert werden, bei denen Hindernisse zu überwinden sind. Die Lernenden müssen das Problem bzw. das Hindernis, das überwunden werden muss, als solches spüren. Um die Kinder dabei nicht zu entmutigen, ist es wichtig, dass es ihnen auch bewältigbar erscheint. (vgl. ebd., S. 34 f.)

Es kommt allerdings nicht nur darauf an, möglichst „gute" Aufgaben zu finden, sondern die Art des Umgangs mit den Aufgaben ist außerdem entscheidend für den Lernerfolg. Ziel ist es, den Lernenden in allen Phasen der Bearbeitung einer Aufgabe wertvolle Orientierungshilfen zu geben und eigene Denkerfahrungen zu ermöglichen. (vgl. Bruder 2003, S. 16 f.)

Die empirischen Untersuchungsergebnisse von Jäger und Helmke zeigen, dass gute Lernleistungen zunächst einmal auch ein gutes Lernklima erfordern. Eigenständige, kreative Lösungen können nur in einer kreativitätsfördernden Atmosphäre gefunden werden. Das beinhaltet die Möglichkeit, ausprobieren und sich dabei auch irren zu dürfen. Diese Phasen sollten bewertungsfrei bleiben, um die Kreativität nicht durch Bewertungsangst einzugrenzen. Weiterhin ist es wichtig, dass jede geäußerte Idee ernst genommen und wertgeschätzt wird. Kleinschrittige und selbstständiges Denken und Handeln verhindernde Vorgehensweisen sollte vermieden werden. (vgl. ebd.)

Ziel ist die Vermittlung verschiedener mathematischer Begriffe, Vorgehensweisen, Methoden und Techniken, um einen Fundus zu ermöglichen, aus dem die Schüler auswählen können. Die Aufgaben sollten dabei einen hohen Grad an Offenheit aufweisen, um den Schülern ein Lösen auf verschiedenen Wegen und mit unterschiedlichem Resultat zu ermöglichen. (vgl. ebd.)

## 1.3 KOMPETENZ DARSTELLEN

### 1.3.1 Die Kompetenz Darstellen in den Bildungsstandards

„In der Mathematik bezeichnet das ‚Darstellen' die Kompetenz, (Sach)Probleme durch Wort, Schrift, Zeichnung, Symbole oder mit Arbeitsmitteln wiederzugeben" (Dedekind 2012, S. 7). Dies kann mündlich oder schriftlich, durch sachgerechte Anwendung von symbolischen Notationen in Form von Ziffern oder Zeichen oder durch grafische Veranschaulichungen, wie z.B. durch Bilder, Skizzen, Tabellen oder Diagrammen geschehen. (vgl. ebd.)

Das Darstellen wird in den Bildungsstandards durch folgende Punkte beschrieben:

> ➢ *„für die Bearbeitung mathematischer Probleme geeignete Darstellungen entwickeln, auswählen und nutzen*
>
> ➢ *eine Darstellung in eine andere übertragen und*
>
> ➢ *Darstellungen miteinander vergleichen und bewerten"* (KMK 2005, S. 8)

Nach Krauthausen und Scherer wird mit dem Begriff des Darstellens jegliche Art der „Veräußerung" des Denkens, sowohl in schriftsprachlicher als auch in mündlicher Form, verbunden. Dies entspricht nicht ganz der Verwendung des Begriffs in den Bildungsstandards, da hier die mündliche Ausdrucksfähigkeit eher unter dem Aspekt des Kommunizierens gesehen wird. Dadurch wird der enge Zusammenhang zwischen diesen beiden Kompetenzen deutlich, weil das Darstellen häufig auch auf die Interaktion mit anderen ausgerichtet ist. (vgl. Heckmann & Padberg 2008, S. 32 f.).

Die Kompetenz des Darstellens schließt im Sinne der Bildungsstandards nicht nur die ikonische Ebene mit ein, sondern bezieht sich auch auf die enaktive und symbolische Ebene. Es geht bei dieser Kompetenz nicht nur um das eigenständige Erzeugen von Darstellungen zu mathematischen Sachverhalten, sondern es umfasst auch den Umgang mit bereits vorgegebenen Darstellungen. *„Von entscheidender Bedeutung für die kognitive Entwicklung sind dabei Transferprozesse, und zwar sowohl zwischen zwei Ebenen (‚intermodal') als auch innerhalb einer Ebene (‚intramodal') [...]"* (ebd., S. 33). Aus diesem Grund wird in den Bildungsstandards auch das Übertragen einer Darstellung in eine andere gefordert. (vgl. ebd. S. 32 f.)

## 1.3.2 Aspekte der Unterrichtsgestaltung zur Förderung des Darstellens

Mithilfe von Darstellungen übersetzen die Lernenden Aufgabenkontexte in die Sprache der Mathematik. Dieser Teil des Modulierungsprozesses setzt voraus, dass die Lernenden ein gewisses Repertoire an Standardmodellen, Symbolen und Verfahren zur Verfügung haben. Das bedeutet, dass jede der Darstellungshilfe selbst erst Lernstoff sein muss, bevor sie als Werkzeuge genutzt werden können. Erst wenn die Lernenden sie kennen und verinnerlicht haben, können sie diese auch flexibel anwenden. Aus diesem Grund wird es Ziel der Unterrichtseinheit sein, den Kindern zunächst verschiedene Darstellungsformen näher zu bringen, damit sie diese anschließend in anderen Kontexten anwenden können. (vgl. Dedekind 2012, S, 9 ff.)

Um ein mathematisches Modell zu konstruieren, versuchen die Lernenden in Teilaspekten des Problemlöseprozesses Ähnlichkeiten zu bekannten Verfahren, Modellen oder Darstellungsformen zu erkennen und sie für die aktuelle Problemlösung anzupassen. Auf diese Weise transferieren sie zuvor Gelerntes und wenden es kreativ an. Damit eine solche Anwendung, Anpassung und ein Transfer möglich ist, sollte die Lehrkraft herausfordernde Problemaufgaben bereitstellen und ausreichend Bearbeitungszeit gewährleisten. Außerdem brauchen Lernende die Möglichkeit des kommunikativen Austausches, um eigene Lösungswege zu entwickeln. (vgl. ebd.)

In der gemeinsamen Reflexionsphase sollte ein Austausch über die verschiedenen Lösungswege und Darstellungsformen stattfinden. Dabei ist es von großer Bedeutung, Lösungswege zu hinterfragen, um den Lernenden die Versprachlichung ihrer Gedanken zu ermöglichen und Gedankengänge der Kinder zu verstehen, sowie Fehlvorstellungen gemeinsam zu entdecken und zu revidieren. In dieser Phase sollten auch Darstellungsformen und -alternativen reflektiert werden, sodass sich das Repertoire an Darstellungswerkzeugen allmählich erweitert. (vgl. ebd.)

## 1.4 HEURISTISCHE HILFSMITTEL UND STRATEGIEN

Der Begriff Heuristik stammt aus dem Griechischen und bedeutet „Entdeckung". Heuristische Strategien und heuristische Hilfsmittel helfen die Lösung einer Aufgabe oder eines Problems zu entdecken, sowie einen Lösungsweg darzustellen. (vgl. Bruder & Colett 2011, S. 36)

Die folgende Grafik gibt einen Überblick über Heurismen für den Mathematikunterricht:

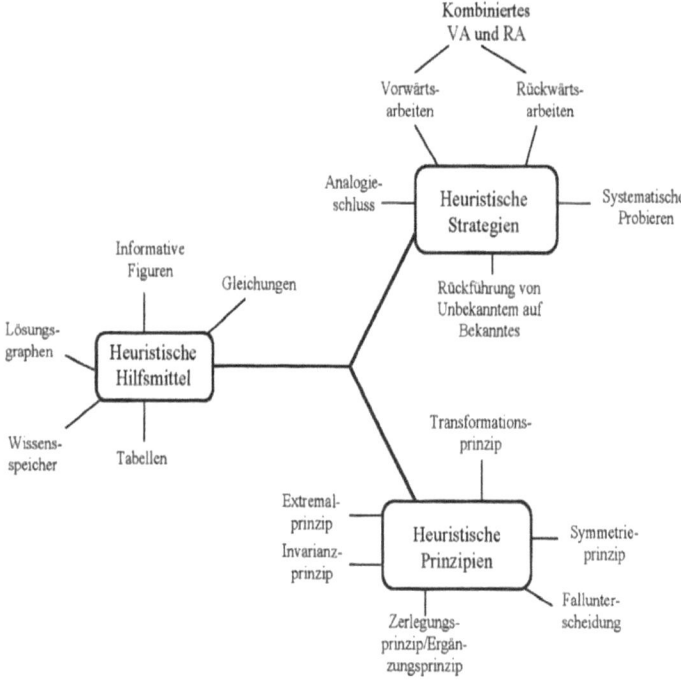

(Bruder & Collet 2011, S. 45)

**Heuristische Strategien** sind nicht fachspezifisch, sondern können in allen Lebensproblemlagen auf der Suche nach einer Lösung angewandt werden. Sie helfen eine Aufgabe umzustrukturieren oder eigene Gedanken in eine bestimmte Richtung zu lenken, um dadurch die Entwicklung des Lösungsweges zu erleichtern. Diese Strategien bieten keine Lösungsgarantie wie bei Algorithmen, sondern geben lediglich eine Orientierung beim Lösen einer Aufgabe. (vgl. ebd. S. 68 ff.)

Im Folgenden werden einzelne heuristische Strategien erläutert, die zur Förderung der Kompetenzen des Problemlösens und Darstellens beitragen.

Das **systematische Probieren** stellt eine der wichtigsten Strategien kombinatorischer Problemstellungen dar. Es ist nicht mit dem planlosen Probieren, mit unstrukturiertem Versuch und Irrtum gleichzusetzen. Es geht vielmehr, wie der Name schon sagt, um das Finden der Lösung durch System. Bei dieser Strategie lässt man einen Faktor eines Tripels oder Paares gleich und verändert die anderen Positionen möglichst systematisch. Wenn alle Möglichkeiten durchlaufen wurden, wählt man einen anderen Faktor als Konstante und verändert wieder die übrigen Positionen systematisch. Systematisches Probieren passiert meistens auf der enaktiven oder ikonischen Erkenntnisebene und bedarf einer Dokumentation. (vgl. Bruder & Collet 2011, S. 70 ff.)

Das **Vorwärtsarbeiten** ist ein Probieren mit Richtung. Bei dieser Strategie betrachtet der Lernende zunächst die gegebenen Faktoren und versucht davon ausgehend das Gesuchte zu erreichen. Die Schlüsselfrage des Vorwärtsarbeitens könnte lauten: Was kann ich aus dem, was ich schon weiß, folgern?. (vgl. ebd., S. 76 f.)

**Rückwärtsarbeiten** ist eine zentrale Suchstrategie, die eng mit dem Vorwärtsarbeiten verbunden ist, aber genau entgegengesetzt abläuft. Rückwärtsarbeiten erfordert Reversibilität und damit bereits eine größere Flexibilität im Denken. Der Problemlöser versucht vom Gesuchten zum Gegebenen, also von der Behauptung zur Voraussetzung zu gelangen. Die Schlüsselfrage lautet nun: Was müsste ich wissen oder kennen, um das Gesuchte daraus folgern zu können?. (vgl. ebd., S. 79 f.)

Das Vorwärts-, sowie das Rückwärtsarbeiten ist bei den Aufgaben zur Stochastik gleichermaßen anzuwenden.

*„Der **Analogieschluss** als Problemlösestrategie umfasst das Aktualisieren und Durchmustern bisheriger Aufgabenlöseerfahrung im Hinblick auf mögliche Ähnlichkeiten (Analogien) zum vorliegenden Problem"* (ebd., S. 83). Bei kombinatorischen Fragestellungen gibt es oft bestimmte Grundtypen an Aufgaben, auf die eine Problemsituation zurückgeführt werden kann. *„Das* **Rückführen von Unbekanntem auf Bekanntes** *ist ein Suchen nach und Erzeugen von Situationen für Analogieschlüsse"* (ebd. S. 84).

Im Gegensatz zu den heuristischen Strategien und Prinzipien, die eher einen Verfahrenscharakter haben und unmittelbare Lösungsstrategien bieten, dienen die **heuristischen Hilfsmittel** dabei ein Problem zu verstehen, zu strukturieren, zu visualisieren, zu reduzieren und den Lösungsweg darzustellen und zu dokumentieren.

Im Folgenden werden einzelne heuristische Hilfsmittel erläutert, die mit den Schülern erarbeitet wurden, um die Kompetenzen des Problemlösens und Darstellens zu fördern.

**Tabellen** sind Darstellungsformen für Informationen, die eine wertvolle Hilfe bei der Reduktion und Fokussierung von Informationen in Problemaufgaben bieten. Durch bewussten Einsatz der

Tabelle als heuristisches Hilfsmittel, werden Informationen strukturiert und verschiedene Ansätze oder Lösungsmöglichkeiten übersichtlich dokumentiert. Das Ziel von Problemlöseaufgaben mit kombinatorischem Hintergrund ist das Finden aller Lösungsmöglichkeiten. Die Tabelle unterstützt dabei ein streng systematisches Vorgehen. (vgl. Bruder & Collet 2011, S. 56 f.)

**Informative Figuren** bzw. Skizzen eignen sich als Lern- oder Lösungshilfen. Wie der Name schon sagt, geht es bei einer informativen Figur darum, möglichst viele Beziehungen und Informationen in einer Figur darzustellen. In der Literatur findet man häufig die Aufgabe, bei der sich 8 Gäste auf einer Feier durch Handschlag begrüßen. Das Zeichnen aller Verbindungslinien zwischen den als Punkten dargestellten Gästen kann hierbei eine sinnvolle Lösungshilfe sein. Wenn nicht alle Verbindungslinien gezeichnet werden bietet die Skizze hingegen eine Lernhilfe, die zum Reflektieren über die Gesamtzahl der Paarungen anregt. (vgl. ebd., S, 46 f., Schipper 2009. S. 290 f.)

Das **Baumdiagramm** bietet eine Lösungsmöglichkeit zur systematischen Darstellung (Visualisierung) aller Kombinationsmöglichkeiten. Durch das Baumdiagramm können hierarchische oder klassifizierende Systeme dargestellt werden. Es gibt für diesen Graphen vielfältige Einsatzmöglichkeiten, unter anderem auch für Versuche mit oder ohne Wiederholungen. Die einzelnen Verzweigungen des Baumdiagramms werden Pfade genannt. Ein Baumdiagramm erleichtert den Überblick zu behalten und es können daraus rechnerische Operationen abgeleitet werden. Hierzu verwendet man beispielsweise die Produktregel. (vgl. Schipper 2009, S. 283 f.)

Das **Verschlüsseln/ Codieren** ist ein Hilfsmittel, das arbeitserleichternd und zeitsparend wirkt. Beim Verschlüsseln werden geordnete Paare oder Tripel nicht als Ganzes aufgeschrieben, sondern es werden meist Anfangsbuchstaben oder selbst gewählte Abkürzungen verwendet. Durch das Verschlüsseln können auch komplexe Darstellungen übersichtlich dargeboten werden.

## 2 DER THEMENBEREICH DER STOCHASTIK

Der Begriff „Stochastik" stammt vom griechischen Wort „stochasmos" und bedeutet „Vermutung". Er umfasst die drei Teilbereiche Kombinatorik, Wahrscheinlichkeit und Statistik. (vgl. Klunter u.a. 2010 S. 5)

### 2.1 KOMBINATORIK

Kombinatorik ist ein Teilgebiet der Mathematik, das sich mit dem Abzählen der verschiedenen Möglichkeiten, der Auswahl und der Anordnung von Elementen einer endlichen Menge beschäftigt. Der Inhalt des Themenbereiches lässt sich von dem anderer mathematischer Disziplinen, zum Beispiel der Zahlentheorie, Geometrie und Wahrscheinlichkeitsrechnung nur schwer abgrenzen. Dies wird durch die Aussage von Hans Freudenthal deutlich. Er bezeichnet einfache Kombinatorik als *„das Rückgrat elementarer Wahrscheinlichkeitsrechnung"* (Kütting & Sauer 2011, S. 129), da man zur Berechnung der Laplace- Wahrscheinlichkeit die durch Kombinatorik bestimmten Anzahlen benötigt. (vgl. Klunter u.a. 2010 S. 19, Kütting & Sauer 2011, S. 129) Kombinatorische Problemstellungen werden in Permutationen, Variationen und Kombinationen jeweils mit und ohne Wiederholung klassifiziert.

1. Permutationen

Bei Permutationen handelt es sich um eine Anordnung von Elementen in einer bestimmten Reihenfolge. Dabei unterscheidet man Permutationen mit und ohne Wiederholung.

*„Unter einer n-Permutation ohne Wiederholung aus einer Menge von n Zeichen (Elementen), versteht man jede Anordnung, die sämtliche n Zeichen (Elemente) in irgendeiner Reihenfolge genau einmal enthält"* (Kütting & Sauer 2011, S. 139).

Beispiel: Welche und wie viele dreistellige Zahlen kann man aus den Ziffern 2,4,6 bilden? Jede Ziffer darf dabei nur einmal vorkommen.

Zu einer Menge mit n Elementen gibt es n! Permutationen. Die Menge {2, 4, 6} erzeugt folglich 3! = 3·2·1 = 6 Permutationen, nämlich **2**46, **2**64, **4**,26, **4**62, **6**24 und **6**42. (Vgl. Klunter u.a. 2010, S. 19)

Bei einer Permutation mit Wiederholung geht es ebenfalls um die Anordnung von n Elementen, wobei die einzelnen Elemente mehrfach vorkommen dürfen.

Beispiel: Welche und wie viele vierstellige Zahlen kann man aus den Ziffern 2,4,6 bilden, wenn die Ziffer 2 zweimal auftreten soll?

## 2. Variationen

Bei Variationen handelt es sich um eine Anordnung einiger ausgewählter Elemente k einer Menge n unter Berücksichtigung der Reihenfolge.

Bei Variationen ohne Wiederholung berechnet sich die Anzahl der Variationsmöglichkeiten von k ausgewählten Elementen einer Menge n über die Formel: $\dfrac{n!}{(n-k)!}$ .

Beispiel: Welche und wie viele verschiedene Zahlen kann man aus den Ziffern 2, 4 und 6 bilden, wenn keine Ziffer mehrfach auftreten darf?

Die Menge n beinhaltet die drei Ziffern 2,4,6, also n=3. Ausgewählten Elemente aus k sind die zweistelligen Zahlen, also k=2. Daraus ergeben sich 3! = 6 Möglichkeiten, nämlich 24, 26, 42, 46, 62, 64.

Bei Variationen mit Wiederholung handelt es sich um einen k- stufigen Entscheidungsprozess. Auf jeder der k Entscheidungsstufen gibt es n verschiedene Entscheidungsmöglichkeiten, insgesamt also $n^k$ Möglichkeiten.

Beispiel: Wie viele verschiedene mögliche Ergebnisse gibt es, wenn man mit einem Würfel zweimal hintereinander würfelt?

Im ersten und im zweiten Wurf ergeben sich jeweils 6 verschiedene Möglichkeiten die geworfen werden können (1, 2, 3, 4, 5, 6). Daraus ergibt sich 6·6= $6^2$ = 36 Möglichkeiten.

## 3. Kombinationen

Jede mögliche Anordnung (ohne Berücksichtigung der Reihenfolge) aus je k von n Elementen heißt Kombination dieser Elemente (Kombination von n Elementen zur k-ten Klasse).

Bei der Kombination ohne Wiederholung können aus n verschiedenen Elementen k Stück ohne Berücksichtigung der Reihenfolge und ohne zwischenzeitliches Zurücklegen auf

$$\binom{n}{k} = \frac{n!}{k! \cdot (n-k)!} = \frac{n \cdot (n-1) \cdot \dots \cdot (n-k+1)}{1 \cdot 2 \cdot \dots \cdot k}$$

verschiedene Arten ausgewählt werden.

Beispiel: Auf einer Geburtstagsfeier sind 5 Gäste. Zur Begrüßung schüttelt jeder Gast dem anderen die Hand. Wie oft werden insgesamt die Hände geschüttelt?

Bei der Kombination mit Wiederholung wird aus n verschiedenen Elementen k-mal hintereinander eines ausgewählt und vor dem nächsten Zug wieder zurückgelegt. Dann gibt es ohne Berücksichtigung der Reihenfolge insgesamt

$$\binom{n + k - 1}{k}$$

verschiedene Auswahlmöglichkeiten.

Ein Sonderfall, der sich nicht in die Kategorien Permutation, Variation und Kombination einordnen lässt, ist der kombinatorische Aspekt der Multiplikation. Hierbei geht es um die *„Grundvorstellung der Multiplikation als kartesisches Produkt (Kreuzprodukt)"* (Schipper 2009. S. 278. Herv. i. O). Es handelt sich um Aufgaben mit mehrstufigen Entscheidungsprozessen, d.h. Aufgaben bei denen nacheinander verschiedene Entscheidungen getroffen werden müssen (vgl. Schipper 2009. S. 278f.), wie beispielsweise die Kombination von Kleidungsstücken. *„Jedes Element der einen Menge wird mit jedem Element der zweiten Menge verknüpft. Es entsteht eine Menge von geordneten Paaren. Sind drei Mengen vorgegeben, so entstehen geordnete Tripe."* (Klunter u.a. 2010. S. 21). Die Anzahl der Paare, Tripel etc. wird durch die Formel $k1 \cdot k2 \cdot k3 \cdot \square \cdot \cdot kn$ bestimmt, wobei k1 die Anzahl der Elemente der ersten Menge, k2 die Anzahl der Elemente der zweiten Menge etc. darstellt. (vgl. Kütting, Sauer 2011. S. 136)

## 2.2 WAHRSCHEINLICHKEIT

In der Umgangssprache wird der Begriff Zufall oft sehr vielseitig gebraucht. Jeder kennt solche Redensarten wie „dummer Zufall" oder „reiner Zufall", die häufig in Verbindung mit Pech und Glück beim Spielen benutzt werden. (vgl. Neubert 2012, S. 26)

Der deutsche Philosoph Novalis brachte mit seinem Zitat: *„Auch der Zufall ist nicht unergründlich, er hat eine Regelmäßigkeit"* (Novalis 1797), zum Ausdruck, dass auch der Zufall eine gewisse Systematik besitzt, denn der Hintergrund dessen ist die mathematische Theorie der Wahrscheinlichkeitsrechnung. Diese beschäftigt sich mit Zufallserscheinungen aus der Sicht der Mathematik. Zufallsbestimmte Phänomene und Situationen des täglichen Lebens werden durch ein System mathematischer Begriffe und Beziehungen mathematisiert und mit Hilfe eines Modells gelöst. Beim Berechnen von Wahrscheinlichkeiten wird dem Ereignis eine reelle Zahl zugeordnet, die den Grad der Wahrscheinlichkeit angibt. (vgl. ebd.)

Zufallsbestimmte Phänomene entstehen durch Zufallsexperimente, wie zum Beispiel das Werfen einer Münze, das Würfeln mit einem Laplace- Würfel, das Drehen an einem Glücksrad und das Entnehmen von Kugeln aus einer Urne. Diese Zufallsexperimente sind reale Vorgänge (Versuche) unter exakt festgelegten Bedingungen:

1. Das Experiment ist unter gleichen Bedingungen beliebig oft durchführbar.

2. Die möglichen Ergebnisse stehen eindeutig fest.

3. Es ist nicht vorhersagbar, welches Ergebnis des Experimentes tatsächlich eintritt. (vgl. Neuber 2012, S.27)

Die Geräte für die Durchführung von Zufallsexperimenten werden als Zufallsgeneratoren bezeichnet. Bei einem symmetrischen Zufallsgenerator (idealer Würfel, ideale Münze, Glücksrad mit gleich großen Feldern) kann jedem Versuchsausgang die gleiche Wahrscheinlichkeit zugeordnet werden. (vgl. ebd.)

*„Die Menge aller bei einem Zufallsexperiment möglichen (zufälligen) Ergebnisse wird als **Ergebnisraum** Ω (oder Ergebnismenge) bezeichnet"* (ebd., S. 27 Herv. i. O.). Das bedeutet, der Ergebnisraum Ω beinhaltet beim Würfeln mit einem Spielwürfel 6 Elemente, nämlich die sechs verschiedenen Augenzahlen, man schreibt Ω = {1,2,3,4,5,6}. Beim Werfen einer Münze kann entweder das Wappen oder die Zahl oben liegen. Das bedeutet, der Ergebnisraum beinhaltet 2 Elemente, man schreibt Ω = {W, Z}. (vgl. ebd.)

*„Jede Teilmenge des Ergebnisraums Ω wird als **Ereignis E** bezeichnet"* (ebd. Herv. i. O.). Eine Teilmenge aus dem Ergebnisraum Ω wäre beispielsweise die Menge aller ungeraden Augensummen beim Würfeln mit einem Würfel. Das Ereignis E enthält somit die Augensummen E={2,4,6}. Dies wäre ein mögliches Ereignis beim Würfeln mit einem Würfel. (vgl. ebd.)

Wenn das Ereignis E die leere Menge E = { } darstellt, spricht man von einem unmöglichen Ereignis. Ein unmögliches Ereignis ist zum Beispiel das Würfeln einer 7 mit einem herkömmlichen Spielwürfel. Enthält das Ereignis E jedoch alle möglichen Ergebnisse des Ergebnisraumes, das bedeutet, es gilt E= Ω, so spricht man von einem sicheren Ereignis. Ein solches wäre beispielsweise das Würfeln einer Zahl von 1 bis 6. (vgl. ebd.)

Der klassische Wahrscheinlichkeitsbegriff wurde 1812 von Pierre Simon Marquis de Laplace definiert und gilt für alle gleichwahrscheinlichen Elementarergebnisse.

Die Wahrscheinlichkeit eines Ereignisses P(E) berechnet sich nach Laplace aus dem Quotient aus der Anzahl |E| der für das Ereignis günstigen Ergebnisse und der Anzahl |Ω| aller möglichen Ergebnisse. Die Formel dazu lautet: P(E)= |E|/|Ω|. Beispielsweise ist die Wahrscheinlichkeit für das Würfeln einer geraden Zahl mit einem normalen Würfel gleich ½. Denn aus dem Quotienten aus der Anzahl für das Ereignis günstiger Ergebnisse |E|= 3 (E={2,4,6}) und der Anzahl aller möglichen Ergebnisse |Ω|= 6 (Ω = {1,2,3,4,5,6}) ergibt sich 3/6 = 1/2.

Bei einem sicheren Ereignis E = Ω, ist in diesem Fall der Quotient, also die Wahrscheinlich P(E)= 1. Ist das Ereignis unmöglich E=0, ergibt sich für P(E)= 0 / |Ω| = 0. Für alle möglichen Ereignisse gilt folglich die Wahrscheinlichkeit 0 < P(E) ≤ 1. (vgl. Neubert 2012, S. 28)

# III Praktische Durchführung

## 1 Vorüberlegungen

Im Rahmen meiner Hausarbeit habe ich für die zweite Klasse eine Unterrichtseinheit zur Förderung der Kompetenzen des Darstellens und Problemlösens anhand ausgewählter Beispiele zur Stochastik gestaltet. Im Folgenden möchte ich zunächst kurz die Themenwahl begründen und anschließend aufzeigen, welche Inhalte und Ziele des bayerischen Lehrplans mit der Unterrichtssequenz verwirklicht werden. Dazu ist natürlich auch die aktuelle Lernsituation der Klasse von Bedeutung. Der Aufbau der Sequenz soll schließlich darlegen, wie mit den Schülern verschiedene Hilfsmittel erarbeitet wurden, um stochastische Problemaufgaben zu Lösen und den Lösungsweg durch unterschiedliche Darstellungen zu veranschaulichen.

### 1.1 Begründung der Themenwahl

Die Behandlung stochastischer Inhalte in der Grundschule ist häufig umstritten und löst bei vielen Erwachsenen Irritationen aus. Vielmehr verbindet man mit diesem Themengebiet die gymnasiale Oberstufe, denn die Inhalte erscheinen zu komplex und anspruchsvoll für Grundschulkinder. (vgl. Neubert 2012, S. 5) Seit dem Erscheinen der Bildungsstandards 2004 ist der Themenbereich „Daten, Häufigkeit und Wahrscheinlichkeit" eine der fünf Leitideen und damit als verbindlicher Inhalt festgelegt.

Dass die *„frühzeitige Beschäftigung mit Aufgabenstellungen zu diesem Thema vielfältige Lernchancen für die Entwicklung fachlicher und allgemeiner Kompetenzen im Sinne der Bildungsstandards"* (Grassmann u.a. 2010, S. 188) bieten, wird im Folgenden dargelegt.

Stochastik ist ein Teil unseres Alltags, denn unser Leben umfasst viele vom Zufall bestimmte Phänomene (z.B. Prognosen aufgrund von statistischen Daten, Lotterien,...). Auch Kinder sammeln meistens bereits im Vorschulalter erste Erfahrungen mit dem Zufall unter anderem zum Beispiel bei der Benutzung des Würfels bei einem Brettspiel. *„Die Grundschule muss daher die Aufgabe wahrnehmen, diese Erfahrungen aufzugreifen, fortzusetzen und teilweise zu systematisieren"* (Neubert 2012, S. 75). *„Bei einer Nichtbeachtung besteht aus entwicklungspsychologischer Sicht die Gefahr der Verfestigung von Fehlvorstellungen"* (Grassmann u.a. 2010, S. 188), die eine Behandlung von stochstischen Themenstellungen in höherem Alter erschweren. Stochastikunterricht leistet damit unter anderem einen Beitrag zur Allgemeinbildung.

Weiterhin beinhaltet das Lehrgebiet der Stochastik meist anschaulich vermittelbare und motivierende Problemstellungen, die die Kinder zum aktiv- entdeckenden Lernen anregen. Durch die spielerisch- experimentellen Zugänge zum Themengebiet entwickeln die Kinder eine positive Einstellung zum Unterrichtsfach. Sie erkennen, dass es in der Mathematik nicht nur um das richtige Ausrechnen geht, sondern auf das Finden eines Lösungsweges ankommt.

Da die Schüler zum Lösen kombinatorischer Aufgaben keine fertigen Lösungsalgorithmen haben, werden Aufgaben vielmehr durch Knobeln und systematisches Probieren gelöst. Sie entwickeln dabei ein strategisches Vorgehen, das sie auf andere Probleme anwenden können. Diese fachtypischen Arbeitsweisen sind insgesamt wichtige Fähigkeiten und Grundhaltungen für das Mathematiklernen. Auch alle prozessbezogenen Kompetenzen wie das Modellieren von Sachsituationen, Problemlösen, Kommunizieren und Argumentieren sowie das Darstellen mathematischer Sachverhalte können vor allem durch kombinatorische Aufgabenstellungen gefördert werden. (vgl. Schipper 2009. S. 280f.)

Weiterhin ermöglichen stochastische Fragestellungen eine natürliche Differenzierung, da alle Schüler am gleichen Lerngegenstand arbeiten, jedoch *die Lösungswege, die Hilfsmittel, die Darstellungsweisen und in bestimmten Fällen auch die Problemstellungen selbst"* (Krauthausen & Scherer 2007, S. 229) von den Schülern bestimmt werden. Nicht die Lehrkraft, sondern das Kind wählt das Schwierigkeitsniveau. (vgl. ebd.) Leistungsschwächere finden einfache Einstiege, Leistungsstärkere stehen vor substanziellen Herausforderungen. *„Jede(r) kann einen Beitrag zur Lösung leisten, auch dann, wenn sie bzw. er nur einige wenige Möglichkeiten findet."* (Schipper 2009. S. 281)

Abschließend ist zu sagen, dass ein vollständiges Verstehen stochastischer Inhalte Zeit braucht und nicht in einem Kurzlehrgang vermittelt werden kann. Aus diesem Grund ist es wichtig, dass bereits in der Grundschule ab der ersten Klasse erste Grundlagen gelegt und Fehlvorstellungen korrigiert werden (vgl. Neubert 2012, S. 76)

Der Themenbereich der Stochastik stellt kein eigenes Stoffgebiet dar, sondern ist in das Sachrechnen integriert. Er durchzieht den gesamten Mathematikunterricht der Grundschule, beginnend in der ersten Klasse.

*„Die Schüler lernen zunehmend komplexere Situationen mathematisch zu interpretieren und Fragestellungen zu finden. Sie entwickeln eigenständige Lösungswege, stellen sie handelnd, zeichnerisch, verbal und schriftlich dar und setzen sie rechnerisch um. [...] Einfache Tabellen und Diagramme lernen sie lesen und zur Darstellung von Zahlenmengen nutzen"* (Lehrplan für die bayerische Grundschule 2000, S. 30 f.). Durch die selbsttätige Auseinandersetzung mit mathematischen Fragen, werden die Schüler zu individuellem Problemlösen angehalten und schöpferischen Denken angeregt. (vgl. ebd.) Sie entwickeln die Fähigkeit Sachsituationen zu mathematisieren anhand real gegebener, zeichnerisch dargestellter oder verbal beschriebener Situationen, in denen sie mathematische Daten oder Beziehungen entdecken. Daraus können sie neue Daten ermitteln und als Lösung darstellen. (vgl. ebd., S. 100)

In der zweiten Klasse findet man Aufgaben zur Kombinatorik unter dem Punkt *„2.4.2 Arbeit an Sachsituationen"* (ebd.) im bayerischen Lehrplan. Als Beispiel für Aufgaben zur Kombinatorik in der zweiten Jahrgangsstufe werden *„verschieden farbige Häuserfronten und Dächer kombinieren"* (ebd. S. 102) angegeben. Handelnd oder zeichnerischen finden die Schüler durch Probieren verschiedene Kombinationsmöglichkeiten, sie entwickeln dabei eine systematische Vorgehensweise und ordnen den gefundenen Möglichkeiten eine Multiplikationsaufgabe zu. (vgl. ebd.)

Auch die Bildungsstandards fordern die allgemeinen mathematischen Kompetenzen Problemlösen und Darstellen. Auf diese beiden Kompetenzen wird an dieser Stelle nicht noch einmal genauer eingegangen (siehe 1.2, 1.3). Des Weiteren werden in der konzipierten Unterrichtseinheit auch das Kommunizieren, Modellieren und Argumentieren mit einbezogen. Die Schüler beschreiben eigene Vorgehensweisen und wenden Fachbegriffe und Zeichen sachgerecht an. Sie erkennen mathematische Zusammenhänge, entwickeln Vermutungen, suchen nach Begründungen und können diese nachvollziehen. Die Schüler entnehmen aus verschiedenen Darstellungen relevante Informationen und übersetzen Sachprobleme in die Sprache der Mathematik. (vgl. KMK 2005. S. 7f.)

Dabei ist stets lernwirksam, wenn die Schüler die verschiedenen Darstellungsebenen enaktiv, ikonisch und symbolisch miteinander verbinden können bzw. wählen können, auf welcher

Ebene sie die gestellte Aufgabe angehen wollen. Wichtig ist hierbei neben dem handelnden und zeichnerischen Festhalten von Lösungsmöglichkeiten, das Versprachlichen derselben. Die unterschiedlichen Lösungsansätze werden genau betrachtet, begründet und diskutiert. (vgl. Lehrplan für die bayerische Grundschule, S. 31)

## 1.3 AKTUELLE LERNSITUATION DER KLASSE

Die zweite Klasse bestand aus 13 Mädchen und 7 Jungen, also insgesamt 20 Kindern. Die Klasse zeigte ein schwaches mittleres Leistungsfeld auf und polarisierte eher zwischen leistungs-schwachen und leistungsstarken Schülern. Nur etwa ein viertel der Klasse hat Freude am ma-thematischen Experimentieren und kann schwierige Zusammenhänge ohne Probleme nach-vollziehen. Fünf Kinder sind sehr leistungsschwach. Sie benötigen im Mathematikunterricht zusätzliche Hilfestellungen und bekommen Förderung des Mobilen Sonderpädagogischen Dienstes. Der Rest der Klasse befindet sich in den mathematischen Leistungen eher im Mittel-feld. Einige Schüler zeigen nicht die nötige Anstrengungsbereitschaft, sich mit einem mathe-matischen Problem auseinander zu setzen.

Um die Leistungsfähigkeit der Schülerinnen und Schüler über die Unterrichtsbeobachtungen hinaus noch besser einschätzen zu können, wurde diesbezüglich eine Lernstanderhebung durchgeführt.

Für die erste Aufgabe wurde eine Permutationsaufgabe ohne Wiederholung gewählt, bei der die Schüler sechs Möglichkeiten bestimmen sollten, in welcher Reihenfolge sich drei Kinder nebeneinander für ein Foto aufstellen können. Über die Hälfte der Schüler fanden drei oder weniger Möglichkeiten, vier Schüler ermittelten vier Lösungen und eine Schülerin konnte alle sechs Möglichkeiten finden. Bei fünf Kindern, die nur eine mögliche Permutation notierten, wurde ersichtlich, dass sie sich vom Aufgabenkontext zu stark ablenken ließen und all ihre An-strengung in das Zeichnen von Figuren investierten.

Bei wenigen Kindern konnten Ansätze einer systematischen Vorgehensweise verzeichnet wer-den. Das Verschlüsseln durch Abkürzen der Vornamen nutzte bei dieser Aufgabe nur ein Junge. (Anhang S. 37 f.)

Für die zweite Aufgabe wurde eine Kombinationsaufgabe mit Wiederholung gewählt. Vier verschiedene Kuchensorten waren gegeben und die Kinder sollten ermitteln, wie viele Möglichkeiten es gibt zwei Stückchen zu essen. Dabei war zu beachten, dass auch zwei gleiche Stückchen Kuchen ausgewählt werden können.

Diese Aufgabe löste über die Hälfte der Klasse durch eine Zeichnung, bei der aber meist nicht ersichtlich war, welcher Kuchen gemeint ist. Ungefähr sieben Kinder fanden fünf Möglichkeiten, die übrigen Schüler ermittelten drei oder weniger Lösungen. Die Möglichkeit gleiche Stückchen auszuwählen wurde von sechs Kindern berücksichtigt. (Anhang S. 39)

Bei der Aufgabe zur Wahrscheinlichkeit sollten die Schüler die Wahrscheinlichkeit verschiedener Ereignisse unter Verwendung der Begriffe sicher, wahrscheinlich, möglich und unmöglich einschätzen. Die Begriffe waren den Schülern nicht vertraut. Das Ziel war es, ihr Gespür für diese Begriffe abzufragen. (Anhang S. 40)

Ziel der letzten Aufgabe war es, herauszufinden, inwieweit den Kindern verschiedene Darstellungsformen geläufig sind. Hier sollten die Schüler zur Auflistung von verschiedenen Geburtstagsgeschenken ein Diagramm oder eine Tabelle darstellen. Alle Kinder lösten diese Aufgabe zeichnerisch. Während etwa drei viertel der Klasse Spalten ähnlich wie bei einer Tabelle, man könnte aber auch sagen, es ähnelt einem Balkendiagramm, zeichneten, malte der Rest der Klasse vier Felder auf die dafür vorgesehen Fläche, in denen sie die Gegenstände darstellten. (Anhang S. 41)

Die Auswertung der Lernstandserhebung zeigte, dass die Schüler teilweise große Schwierigkeiten mit den ausgewählten Aufgaben hatten, da sie zuvor noch nie mit solchen konfrontiert wurden.

Aus dieser Lernstandsanalyse konnte ich nun die nachfolgenden Zielsetzungen für die Sequenz ableiten.


## 1.4 ZIELSETZUNGEN FÜR DIE SEQUENZ

Ziel der Sequenz ist es, durch die Auseinandersetzung mit ausgewählten Aufgaben aus dem Bereich der Stochastik das Problemlöseverhalten, sowie die Kompetenz Lösungen und Lösungswege dazustellen, der Kinder zu fördern. Den Schülern sollen dafür verschiedene heuristische Hilfsmittel und -strategien vermittelt werden, die ihnen bei der Durchdringung eines Problems und gleichzeitig bei der Darstellung von Lösungswegen helfen. Gefördert werden soll außerdem die Anstrengungsbereitschaft, ein Problem selbstständig lösen zu wollen und die Reflexionsfähigkeit für ihr eigenes Handeln. Ziel ist es, den Kindern Lösungen auf verschiedenen Wegen zu ermöglichen. Dies gelingt durch die Verknüpfung der Darstellungsebenen (enaktiv, ikonisch, symbolisch) und dadurch, dass den Kindern die Darstellung der Lösungswege in der Anwendung frei gestellt wird.


## 1.5 METHODISCH DIDAKTISCHE VORÜBERLEGUNGEN

Im Mathematikunterricht gibt es verschiedene didaktische Prinzipien, die es bei der Planung der Unterrichtseinheiten zu berücksichtigen gilt. Diese werden im Folgenden dargelegt.

Einen wichtigen Grundsatz im Mathematikunterricht stellt das **Ich- Du- Wir Prinzip** dar, welches die Schweizer Didaktiker Gallin und Ruf konkretisierten. In der Ich- Phase setzen sich die Schüler individuell und eigenständig mit der Themenstellung auseinander. Sie stellen Bezüge zu ihrem Vorwissen her und erproben eigene Lösungsstrategien. Anschließend erfolgt ein Austausch mit dem Partner. Gemeinsam wird dabei an der Optimierung der Lösungswege gearbeitet. Abschließend werden die gewonnen Resultate im Klassenplenum präsentiert und diskutiert. Dabei wird aus den Beiträgen aller ein gemeinsames Ergebnis erarbeitet. (vgl. Ganser u.a. 2013, S. 113 ff.)

Auch das von Bruner in den 60er Jahren entwickelte **EIS- Prinzip** ist bis heute ein elementares Unterrichtsprinzip im Mathematikunterricht der Grundschule. Ein mathematischer Sachverhalt sollte nach Bruner in den drei Darstellungsebenen enaktiv, ikonisch und symbolisch erfasst werden. Bei der enaktiven Ebene setzen sich die Schüler handelnd mit konkretem Material mit der Problemstellung auseinander. Die ikonische Darstellungsform beinhaltet alle Erfahrungen mit bildhaften Elementen, wie Skizzen, Abbildungen und Zeichnungen. Bei symbolischen Darstellungsformen wird der Sachverhalt durch Zeichen (Ziffern, Rechenzeichen,...) in die Sprache der Mathematik übersetzt. Es gilt dabei zu beachten, dass diese Phasen nicht linear durchlaufen werden, sondern die Schüler sollen immer eine Möglichkeit haben, auf Anschauungsmittel flexibel zurückgreifen zu können und variabel damit umzugehen. (vgl. Weigand, S. 9)

Bei der Planung der Unterrichtssequenz war es außerdem wichtig, das **Phasenmodell zur Förderung der Problemlösefähigkeit** von Regina Bruder zu beachten. In einer ersten Phase werden die Lernenden an heuristische Vorgehensweisen und die typischen Fragestellungen schrittweise gewöhnt, dabei werden typische Fragestrategien der Heurismen durch die Lehrkraft angewandt. In einer zweiten Etappe werden mit den Schülern ausgewählte heuristische

Strategien anhand von Musteraufgaben gemeinsam entwickelt und benannt. Daran schließt sich ein zeitweise bewusstes Üben der bereits gelernten Heurismen anhand exemplarischer Aufgaben an. Die letzte Phase beinhaltet weitere Übungsphasen, die eine schrittweise unterbewusste flexible Strategieanwendung anstrebt. Die verschiedenen Heurismen dürfen den Lernenden nicht aufgedrängt werden, sondern sie sollen lediglich ein Angebot darstellen. Weiterhin gilt es zu beachten, dass die heuristischen Hilfsmittel und -strategien stets an geschickt gewählten Beispielen eingeführt und erprobt und nicht nur theoretisch besprochen werden. (vgl. Bruder 2003, S. 32 f.)


## 1.6 AUFBAU DER SEQUENZ

Die durchgeführte Unterrichtssequenz beinhaltet die Themenbereiche Kombinatorik und Wahrscheinlichkeit. Der Bereich der Statistik wurde nur ansatzweise in der fünften und siebten Unterrichtseinheit bei Experimenten mit einem Laplace- Würfel in Form des Festhaltens der Häufigkeit der Augensummen durch eine Strichliste aufgegriffen.

Da die Schülerinnen und Schüler meiner Praktikumsklasse zuvor noch nicht mit stochastischen Problemstellungen gearbeitet hatten und nur wenige Heurismen bekannt waren, habe ich die Sequenz so aufgebaut, dass zunächst verschiedene Lösungshilfen und -strategien anhand ausgewählter Musteraufgaben erarbeitet und erprobt wurden, die sie dann anschließend an verschiedenen Aufgabenformaten anwenden konnten. Die Phasen der Erarbeitung der Heurismen waren deshalb zu Beginn relativ stark von der Lehrkraft gelenkt.

1. *Lernstandserhebung*

2. *Erarbeitung der Lösungshilfe Verschlüsseln und systematische Probieren anhand einer Permutationsaufgabe ohne Wiederholung*

3. *Kennenlernen der Lösungshilfe Baumdiagramm*

4. *Kennenlernen der Lösungshilfe Tabelle*

5. *Erste Begegnung mit dem Thema Wahrscheinlichkeit und Häufigkeit anhand eines Versuchs zur Häufigkeit mit dem Laplace- Würfel*

6. *Kennenlernen der Begriffe möglich, sicher, unmöglich*

7. *Wir experimentieren mit der Augensummer zweier Würfel (Verbindung von Kombinatorik und Wahrscheinlichkeit)*

8. *Wir erproben unsere erarbeiteten Lösungshilfen und -strategien an verschiedenen Aufgabenformaten an einer Lerntheke*

9. *Nachtest*

## 2 UNTERRICHTSPRAKTISCHE REALISIERUNG – AUFGEZEIGT AN AUSGEWÄHLTEN SCHWERPUNKTEN

Im Folgenden werden ausgewählte Unterrichtsstunden, sowie die Herangehensweisen der Schüler beschrieben. Ausgewählte Schülerarbeiten und nähere Erläuterungen zur ganzen Sequenz befinden sich im Anhang.

### 2.1 ERARBEITUNG DER LÖSUNGSHILFE VERSCHLÜSSELN UND SYSTEMATISCHES PROBIEREN ANHAND EINER PERMUTATIONSAUFGABE OHNE WIEDERHOLUNG

Nachdem im Vortest nur ein Schüler die Methode des Verschlüsselns anwandte und nur ansatzweise ein systematisches Vorgehen der Kinder zu beobachten war, sollte das Ziel der ersten Unterrichtseinheit (zwei Unterrichtsstunden) die Erarbeitung dieser Lösungshilfen sein. Als Aufgabentyp wurde eine Permutationsaufgabe ohne Wiederholung gewählt. Die Permutationen sind durch ein systematisches Vorgehen relativ leicht zu erfassen, sodass der Schwerpunkt der Unterrichtseinheit auf dem Lösungsweg und nicht der Lösung selbst liegt.

Zu Beginn der Stunde wurden die Schüler durch eine Lehrererzählung zum Sachverhalt hingeführt und auf das Thema eingestimmt. Die Identifikationsfigur Marie möchte ihr Zimmer aufräumen. Sie hat ein Holzregal, auf dem drei verschiedene Plüschtiere einen Platz haben. Sie überlegt, wie sie die Plüschtiere anordnen soll. Das Holzregal mit den Plüschtieren wurde dabei den Schülern zur Veranschaulichung präsentiert. Durch diese Präsentation war den Kindern von Anfang an bewusst, dass die Stofftiere nur in einer Reihe nebeneinander Platz finden. Nachdem die Lernenden drei verschiedene Möglichkeiten durch enaktives Vertauschen gefunden hatten, kam die Frage auf, wie viele Möglichkeiten es insgesamt gibt, die Plüschtiere anzuordnen. Die Kinder sollten an dieser Stelle zunächst ihre Vermutungen äußern. Anschließend war es die Aufgabe der Schüler alle Permutationsmöglichkeiten durch das Legen von Bildkarten zu finden und jede Lösung auf einem Zettel zu notieren. An dieser Stelle ist es von großer

Bedeutung, dass die Schüler genügend Zeit zum Experimentieren bekommen. Die Notation jeder einzelnen Lösung auf einem Zettel hat den Vorteil, dass die Kinder anschließend noch die Möglichkeit haben, ihre Ergebnisse zu ordnen. Nach dem Finden der Permutationsmöglichkeiten bekamen die Schüler Gelegenheit, sich mit dem Partner über die Lösungen und das Vorgehen auszutauschen. Für einige Schüler, die nicht alle Möglichkeiten gefunden hatten, war dieser Austausch hilfreich, um sich weitere Anregungen zu holen. Die Beschreibung des Lösungsweges fiel allen Kindern allerdings sehr schwer, da kaum ein Schüler beim Notieren der Lösungsmöglichkeiten an dieser Stelle systematisch vorgegangen war. Es kamen häufig Aussagen wie „Ich habe die irgendwie vertauscht" oder „Ich habe einfach rumprobiert". Aufgrund dessen, sollten die Kinder nun mit dem Partner gemeinsam überlegen, wie sie ihre Lösungen ordnen können, um ein systematisches Vorgehen anzubahnen. Hierbei entstanden verschiedene Möglichkeiten, die dann im Plenum vorgestellt und diskutiert wurden. Nachdem ein systematisches Vorgehen gemeinsam erarbeitet war, wurde den Kindern eine weitere Lösungsmöglichkeit dargeboten, die die Schüler beschreiben und erklären sollten. Diese vorgegebene Lösungsmöglichkeit beinhaltete den Aspekt des Verschlüsselns. Die Kinder konnten recht zügig herausfinden, was die einzelnen Abkürzungen bedeuten sollten. Sie erkannten durch gezielte Impulse, dass diese Verschlüsselungsmethode zwei verschiedene Hintergründe haben kann. Zum einen werden Verschlüsselungen dafür benutzt, um etwas geheim zu halten und zum anderen als Abkürzung, um Zeit und Arbeit zu ersparen. Daraufhin sollten sich die Kinder mit ihrem Partner austauschen und überlegen, welchen Zweck das Verschlüsseln für unsere Aufgabe hat. Sie kamen zu der Erkenntnis, dass es sich hierbei um eine Arbeitserleichterung und ein Zeitersparnis handelte. Um die Darstellung zu vervollständigen, erkannten sie, dass eine Legende angelegt werden muss, die deutlich macht, was die einzelnen Abkürzungen bedeuten.

Um das neu erlernte zu sichern, wurden die Permutationsmöglichkeiten systematisch und mithilfe des Verschlüsselns gemeinsam an der Tafel gesammelt und notiert.

Rückblickend ist an dieser Stelle zu sagen, dass der Teil der Erarbeitung der Verschlüsselungsmethode und des systematischen Probierens teilweise sehr stark vom Lehrer gelenkt wurde. Um den Kindern Freiraum zum Experimentieren zu geben und das Anwenden der erarbeiteten Methode zu sichern, wurde die Aufgabenstellung im Anschluss so erweitert, dass noch ein weiteres Stofftier auf dem Regal sitzen soll. Zunächst durften die Lernenden wieder mehrere Möglichkeiten durch enaktives Vertauschen finden und ihre Vermutungen mit Begründung äußern. Hierbei fiel ein Schüler besonders auf. Er hatte bereits eine richtige Vermutung und konnte das Finden der 24 Möglichkeiten mathematisch korrekt begründen. Der Schüler durfte dann im Anschluss seine Problemlösefähigkeit weiter trainieren, indem er versuchen sollte, zu fünf verschiedenen Plüschtieren alle möglichen Permutationen zu finden. Mit großem Ehrgeiz knobelte er an dieser Aufgabe.

Alle anderen Kinder sollten nun versuchen durch ein systematisches Vorgehen alle möglichen Permutationen zu finden und Vermutung des Schülers zu überprüfen. Da leistungsschwächere Kinder damit überfordert wären, gab es die Wahl zwischen zwei verschiedenen Arbeitsblättern. Eines war durch vier Tabellen vorstrukturiert um ein systematisches Vorgehen zu unterstützen. (Anhang S. 47 f.) Die Schüler nahmen diese Lösungshilfe dankbar an und konnten mit dieser Hilfe meist alle 24 Möglichkeiten finden. Etwa fünf Schülern gelang es, ohne diese Lösungshilfe alle Permutationen zu entdecken. (Anhang S. 45) Die Bildkärtchen wurden anfangs vor allem von den leistungsschwächeren Schülern noch benutzt, nach einigen gefundenen Möglichkeiten dann jedoch zur Seite gelegt. Im Anschluss durften sich die Kinder wieder mit dem Partner über die Lösungen und die Vorgehensweise austauschen. Diesmal fiel es den Kindern nicht mehr so schwer ihren Lösungsweg zu beschreiben, da sie ihr systematisches Vorgehen genau erläutern konnten.

Abschließend wurden die 24 Möglichkeiten im Plenum gesammelt und so an der Tafel notiert, dass sie mit den vier Tabellen auf dem Arbeitsblatt korrespondierten.


## 2.2 KENNENLERNEN DER LÖSUNGSHILFE BAUMDIAGRAMM


Als weitere Lösungshilfe wurde mit den Schülern das Baumdiagramm erarbeitet.

Als Aufgabentyp wurde eine Kombinationsaufgabe mit zwei Entscheidungsstufen gewählt, die für die Kinder relativ einfach und leicht zu lösen ist. So steht in diesem Zusammenhang weniger die Lösung im Vordergrund, sondern vielmehr die Darstellung der Lösung.

Da man nicht davon ausgehen kann, dass die Schüler einer zweiten Klasse in der Lage sind, ein Baumdiagramm selbst zu entwerfen, wird in der folgenden Unterrichtsstunde diese Darstellung gemeinsam mit den Kindern erarbeitet, sodass sie die Möglichkeit haben, diese anschließend für kombinatorische Fragestellungen nutzen zu können. Aus diesem Grund ist wiederum die Phase der Erarbeitung des Baumdiagramms sehr stark vom Lehrer gelenkt.

Die Unterrichtsstunde begann mit einer kleinen Lehrererzählung, die die Kinder auf das Thema einstimmte und zur Problemfrage führte. Die Identifikationsfigur Tim hat drei verschieden farbige T-Shirts (rot, lila, blau) und drei verschieden farbige Hosen (gelb, grün, braun) in seinem Kleiderschrank. Die Schüler konnten daraufhin sehr zügig die Problemfrage formulieren: „Wie viele Möglichkeiten hat Tim sich anzuziehen?". Sie waren sehr an der Lösung des Problems interessiert und wollten Tim unbedingt bei der Lösung der Frage helfen. Zunächst durften die Kinder die neun Kombinationsmöglichkeiten, durch kolorieren der T-Shirts und Hosen auf einem Arbeitsblatt, bestimmen. (Anhang S. 49 f.) Hierbei konnte schon bei vielen Schülern ein systematisches Vorgehen beobachtet werden. Einige Lernende, die noch nicht systematisch vorgegangen waren, fanden auch meist nicht alle Möglichkeiten, da sie bereits nach kurzer Zeit den Überblick verloren.

Im Anschluss daran diskutierten die Kinder in Partnerarbeit ihr Vorgehen zum Finden der Kombinationsmöglichkeiten. Dabei sprachen sie vor allem darüber, ob der Partner systematisch vorgegangen ist und ob alle Möglichkeiten gefunden wurden. Gemeinsam wurden schließlich die Kombinationsmöglichkeiten gesammelt und mit farbigen Kleidungsstücken geordnet an der Tafel festgehalten. Hierbei wurde noch einmal explizit auf das systematische Vorgehen eingegangen. Nun wurde den Kindern erklärt, dass Mathematiker gerne Schreibweisen verwenden, die viel Zeit und Arbeit ersparen. In einem Partnergespräch diskutierten die Schüler anschließend darüber, wie man diese Darstellung vereinfachen könnte, damit man nicht alle T-Shirts und Hosen aufzeichnen muss. Die Kinder fanden sehr unterschiedliche und interessante Möglichkeiten, die dann im Unterrichtsgespräch erörtert wurden. Unter anderem nannten sie auch Vorschläge zum Verschlüsseln. Hieran war zu erkennen, dass die Schüler mittlerweile die Verschlüsselungsmethode verinnerlicht hatten und folglich versuchten, wann immer es ging, möglichst zeitsparende Darstellungen zu finden.

Der Vorschlag nur jeweils ein T-Shirt von jeder Farbe zu zeichnen, wurde im Gespräch aufgegriffen und daraus das Baumdiagramm entwickelt. Die Kinder erkannten sehr schnell, dass es sinnvoll ist, die T-Shirts mit den jeweiligen Hosen zu verbinden, damit die verschiedenen Kombinationen in der Darstellung deutlich werden. Durch gezielte Impulse erkannten die Kinder, dass die Verbindungslinien an Äste und Verzweigungen eines Baumes erinnern. Da den Kindern der Begriff Diagramm bereits geläufig war, schlussfolgerten sie daraus, dass es sich bei solch einer Darstellung, um ein Baumdiagramm handelt. (Anhang S. 50 f.)

In der zweiten Klasse war zu diesem Zeitpunkt die Multiplikation mithilfe der Addition gleicher Summanden eingeführt und es waren die Grundaufgaben der Multiplikation bekannt. Im Unterrichtsgespräch wurde den Kindern dann deutlich, dass die Anzahl der Möglichkeiten durch eine Multiplikationsaufgabe dargestellt werden kann.

In einer abschließenden Reflexionsphase wurde im Unterrichtsgespräch über die Zweckmäßigkeit eines Baumdiagramms diskutiert.

Zum tieferen Verständnis dieser Lösungshilfe wurde in der folgenden Unterrichtsstunde die Aufgabe dadurch erweitert, dass Tim nun auch noch ein dunkelblaues und graues Capy zur Auswahl hat. Für die Aufgabe ohne Hilfsmittel ein Baumdiagramm zu zeichnen, ist für leistungsschwache Schüler sehr anspruchsvoll. Aus diesem Grund durften die Kinder Streichhölzer und Bildkarten benutzen, um das Baumdiagramm durch Legen zu entwickeln. In einem anschließenden Partnergespräch konnten sich die Kinder über auftretende Probleme und Fragen, sowie über das Vorgehen austauschen. (Anhang S. 52 f.)

In der gemeinsamen Reflexionsphase haben die Schüler ihre Lösungen, einschließlich der angefertigten Baumdiagramme vorgestellt.


## 2.3 Wir experimentieren mit der Augensumme zweier Würfel (Verbindung Kombinatorik und Wahrscheinlichkeit)

Ziel dieser Unterrichtseinheit war es, dass die Lernenden den Zusammenhang zwischen Wahrscheinlichkeit und Kombinatorik erleben.

Zu Beginn der Unterrichtsstunde wurde den Kindern ein Würfel als stummer Impuls präsentiert. Daraufhin formulierten die Schüler ihre Erkenntnis aus der letzten Stunde, nämlich, dass beim Würfeln mit einem Würfel alle Augenzahlen gleich wahrscheinlich vorkommen und dass man nicht vorhersagen kann, welche Augenzahl gewürfelt wird. Anschließend wurde den Kindern ein zweiter anders farbiger Würfel präsentiert und im Unterrichtsgespräch der Begriff Augensumme als Summe zweier Augenzahlen geklärt. Daraufhin ermittelten die Schüler, welche Würfelsummen beim Würfeln mit zwei Würfeln möglich sind. Sie entdeckten dabei schnell, dass die Augensumme eins ein unmögliches Ergebnis darstellt. Hierbei wurde darauf Wert gelegt, dass die Schüler die Begriffe der Wahrscheinlichkeit möglich und unmöglich anwenden.

Nun wurde den Kindern durch eine Lehrererzählung ein Würfelspiel vorgestellt. Die Identifikationsfiguren Tim und Marie berichten von ihrem Würfelspiel. Sie haben mit ihren Freunden ein Spiel gespielt: Jeder hat eine der Würfelsummen von 2 bis 12. Dann wurde mit zwei Würfeln 40 Mal gewürfelt und eine Strichliste über die Häufigkeit der Augensummen geführt. Gewinner war, wessen Würfelsumme am häufigsten gewürfelt wurde. Tim behauptet, dass seine Glückzahl bei jedem Spiel gewinnt.

Zunächst durften die Schüler sich zu dem Spiel und ihren Vermutungen über Tims Glückzahl äußern. Die Vermutungen der Kinder orientierten sich dabei teilweise an den Ergebnissen aus der letzten Stunde. Ungefähr die Hälfte der Klasse war der Ansicht, dass es bis auf die Augensumme eins egal ist, welche Augensumme sich Marie und Tim aussuchen, da alle Würfelsummen gleich wahrscheinlich vorkommen. Andere Kinder nannten ihre eigene Glückszahl als Vermutung.

Nun sollten die Kinder ihre Vermutung überprüfen, indem sie 40 Mal mit zwei verschieden farbigen Würfeln würfelten und ihre Ergebnisse in einer Strichliste festhielten. Die Darstellung einer Strichliste und eines Diagramms war den Kindern aus der letzten Unterrichtsstunde bekannt. Um die Kompetenz des Darstellens weiterhin zu fördern und Erkenntnisse der vergangenen Stunde zu sichern, war es Aufgabe der Schüler, die Darstellung der Strichliste anschließend in ein Diagramm zu übertragen. Die meisten Kinder hatten mit dieser Aufgabe keine Probleme und arbeiteten mit großer Motivation. Nur drei Schüler benötigten dabei Hilfestellungen. (Anhang S. 54 ff.)

Anschließend wurden im Klassenplenum die Ergebnisse des Würfelversuchs vorgestellt und in einem Diagramm an der Tafel festgehalten, indem die Einzelergebnisse der Gruppen addiert und zu einem Gesamtergebnis zusammengefasst wurden. Nun erkannten die Schüler, dass die Augensumme 7 am häufigsten gewürfelt wurde. Dieses Ergebnis löste bei fast allen Kindern erstaunen aus, da die meisten eine Gleichverteilung vermuteten.

Daraufhin kam bei den Kindern die Frage auf, warum die Augensumme 7 am häufigsten gewürfelt wurde. Zunächst bekamen die Schüler Gelegenheit, die Lösung dieser Frage mit dem Partner zu diskutieren. Da die meisten Kinder damit große Schwierigkeiten hatten, wurde den Schülern ein Tipp an die Hand gegeben: „Überlege, mit welchen Augenzahlen du die Augensumme 7 würfeln kannst".

Im Unterrichtsgespräch erkannten die Kinder, dass es für jede gewürfelte Augensumme verschiedene Kombinationsmöglichkeiten an Augenzahlen gibt. Ziel war es nun mithilfe der Kombinatorik herauszufinden, warum die Augensumme 7 so oft gewürfelt wird. Nach einem kurzen
Gespräch über die Anwendung verschiedenen Lösungshilfen wie dem Verschlüsseln der Würfelbilder als Zahl und dem Verwenden zweier verschiedener Farben, versuchten die Schüler
alle Kombinationen für die jeweiligen Augensummen zu finden. Mit den leistungsschwächeren
Schülern wurde zunächst gemeinsam ein systematisches Arbeiten mit Hilfe farbiger Würfelbilder angebahnt. In diesem Rahmen und mittels eines vorstrukturierten Arbeitsblattes gelang
es ihnen, die richtigen Kombinationen zu finden. (Anhang S. 57)
Bei den meisten Kindern war ein systematisches Vorgehen zu erkennen. Einige vergaßen trotz
der verschieden farbigen Würfelbilder, dass zum Beispiel 1 und 6 eine andere Möglichkeit wie
6 und 1 ist. (Anhang S. 57)
Im anschließenden Unterrichtsgespräch wurden die Lösungswege und Darstellungsformen
von den Kindern vorgestellt und alle Möglichkeiten an der Tafel zusammengetragen. Die Schüler fanden sehr unterschiedliche Möglichkeiten ihren Lösungsweg zu notieren. Einige Kinder
verwendeten Tabellen, manche fanden ihre ganz individuelle Darstellungsweise. (Anhang S.
58)
In der abschließenden Reflexion wurde noch einmal genauer darauf eingegangen, ob wirklich
alle Möglichkeiten gefunden wurden und ob zum Beispiel die Kombination 6/1 dieselbe ist wie
1/6.

## 2.4 AUSWERTUNG DES NACHTESTS

Die Auswertung des Nachtests zeigte, dass alle Kinder die Permutationsaufgabe ohne Wiederholung ohne Probleme lösen konnten. Die meisten sind beim Lösen systematisch vorgegangen
und ca. dreiviertel der Schüler nutze die Methode des Verschlüsselns. (Anhang S. 61)
Die zweite Aufgabe erwies sich auch im Nachtest für viele Kinder noch als sehr schwierig. Ungefähr sechs Schüler fanden alle zehn Möglichkeiten. Davon wandten vier Schüler die Darstellungsform der Tabelle an. Die meisten Kinder notierten dabei zunächst alle Ergebnisse der Tabelle und strichen anschließend doppelte Lösungen raus. (Anhang S. 61)

Die Aufgaben zur Wahrscheinlichkeitsrechnung wurden durchweg besser gelöst als im Vortest. Elf Schüler lösten diese Aufgaben komplett fehlerfrei. Alle anderen Kinder hatten nur einen Fehler.

Die letzte Aufgabe wurde von der Hälfte der Klasse als Diagramm dargestellt. Die Lösung war meist richtig und übersichtlich dargestellt. Die andere Hälfte zeichnete eine Tabelle, die diesmal anstatt vieler Bilder mit Ziffern ausgefüllt wurde. (Anhang S. 62)

Aus dem Nachtest wurde ersichtlich, dass die Schüler die erarbeiteten Lösungshilfen und -strategien verinnerlicht haben und meist korrekt anwandten.


## 3 REFLEXION DER GESAMTEN SEQUENZ

Während der gesamten Sequenz konnte eine hohe Motivation seitens aller Schüler beobachtet werden. Auch Kinder die sonst wenig Anstrengungsbereitschaft zeigten, wenn ein mathematisches Problem vorlag, brachten sich in das Unterrichtsgeschehen ein und entwickelten eigene Lösungswege. Erwähnenswert ist, dass sich ein Schüler besonders hervortat, der sonst in Mathematik nicht zu den leistungsstärksten Kindern zählt. Er zeigte ein hohes Maß an mathematischem Verständnis und entwickelte immer wieder unterschiedliche Darstellungsformen für seine Lösungswege. (Schülerbeispiel, Anhang S. 58)

In der Klasse zeigte sich im Laufe des Schuljahres, dass wenig Zusammenhalt vorhanden ist und es häufig auch im Unterricht zu Streitigkeiten kam. Deshalb ist es sehr bemerkenswert, dass während der ganzen Sequenz eine positive Arbeitsatmosphäre herrschte. Sobald sich kleine Probleme aufzeigten, versuchten die Schüler sich zunächst gegenseitig zu helfen. Sie waren an den Darstellungsweisen und Lösungswegen ihrer Mitschüler interessiert und konnten teilweise auch Vorgehensweisen für sich übernehmen. Sie waren generell für die verschiedenen Lösungshilfen aufgeschlossen und versuchten diese umzusetzen und anzuwenden. Ein Zuwachs an strategischen Herangehensweise und verschiedener Darstellungsformen konnte bei allen Schülern festgestellt werden. Schwierigkeiten hatten die Kinder oftmals noch beim Verbalisieren und Vorstellen ihrer Lösungswege. Hierbei wurde versucht durch gezielte Impulse und ein Hinterfragen der Lösungswege, die Kinder auf den richtigen Weg zu bringen, was allerdings nicht immer gelang. An dieser Stelle gilt es weiterhin anzuknüpfen.

Abschließend ist zu sagen, dass die ganze Sequenz sehr zeitaufwendig war. Für die Unterrichtsstunden wurde meist mehr Zeit benötigt, als geplant, doch es war wichtig, dass die Kinder genügend Freiraum zum Experimentieren hatten. Rückblickend denke ich, dass die ganze Sequenz für eine zweite Klasse sehr komplex ausgestaltet war.

# IV SCHLUSS

Zur vorliegenden Unterrichtssequenz kann eine positive Bilanz gezogen werden. Es hat sich bestätigt, dass das Themengebiet der Stochastik sehr gut zur Förderung der allgemeinen mathematischen Kompetenzen, insbesondere dem Problemlösen und Darstellen, geeignet ist. Die Forderung stochastische Themenstellung bereits ab der ersten Klasse zu behandeln, ist zu befürworten, denn nur so können schon frühzeitig die grundlegenden Kompetenzen der Bildngsstandards angebahnt werden, um diese im Sinne eines Spiralcurriculums in den folgenden Schuljahren zu festigen und zu vertiefen.

Der Mathematikunterricht kann demnach mit dem Kompetenzbereich „Daten, Häufigkeit und Wahrscheinlichkeit" einen wichtigen Beitrag zur Erfassung der Lebenswirklichkeit der Schüler beitragen. Denn die Schüler und Schülerinnen lernen, vom Zufall geprägte Ereignisse ihrer Lebenswirklichkeit präziser zu erfassen und zu durchleuchten.

Des Weiteren ermöglichen stochastischen Problemstellungen den Schülern eine Herangehensweise auf unterschiedlichen Wegen und dadurch ein Arbeiten auf ihrem individuellen Niveau. Auch Schüler, die sonst in Mathematik eher leistungsschwach waren, konnten immer einen Beitrag zur Lösungsfindung leisten und Erfolgserlebnisse verspüren.

# LITERATURVERZEICHNIS

BAYERISCHER LEHRER- UND LEHRERINNENVERBAND: Kompetenzorientierung im neuen Lehrplan PLUS und neue Lernkultur. Download unter: http://www.bllv.de/Lehrertag.4983.0.html?&no_cache=1&eID=irre_downloads&fileUid=1270 [aufgerufen am 20.08.2013]

BRUDER, R. (2003): Methoden und Techniken des Problemlösenlernens. Download unter: http://nibis.ni.schule.de/~as-lg/Mathe2/Dokumente/probleme%20loesen.pdf [aufgerufen am 17.08.2013]

BRUDER, R. & COLLET, C. (2011): Problemlösen lernen im Mathematikunterricht. Berlin: Cornelsen Verlag. 1. Auflage.

DEDEKIND, B. (2012): Darstellen in der Mathematik als Kompetenz aufbauen. Download unter: http://www.sinus-an grundschlen.de/fileadmin/uploads/Material_aus_SGS/Handreichung_Dedekind.pdf [aufgerufen am 14.08. 2013]

GANSER, B.; SCHEEL, M.; SELMIGKEIT, D. (2013): Mathematische Kompetenzen aufbauen und fördern Klasse 3. Mit guten Aufgaben und Lernumgebungen Grundschüler zum aktiv- entdeckenden Lernen anleiten.

GRASSMANN, M; EICHLER, K.- P.; MIRWALD, E.; NITSCH, B. (2010): Mathematikunterricht. Kompetent im Unterricht der Grundschule. Hohengehren: Schneider Verlag.

HAHN & JANOTT (2011): Förderung der mathematischen Kompetenz des Darstellens. In: Grundschulunterricht Mathematik, Heft 2/2011, S. 15- 17.

HARDY, I. (2007): Die Förderung von Problemlösekompetenzen im Unterricht. Ergebnisse der Lernforschung und Umsetzung im Schulunterricht. Download unter: www.educ.ethz.ch/pro/litll/Hardy_Lehrerhandbuch2007.doc [aufgerufen am 18.08.2013]

HECKMANN, K. & PADBERG, F. (2008): Unterrichtsentwürfe Mathematik Primarstufe. Heidelberg: Spektrum Akademischer Verlag.

KLUNTER, M.; RAUDIES, M.; VEITH, U. (2010): Daten, Zufall und Wahrscheinlichkeit. Unterrichtsideen zum Beobachten und Kombinieren für die Klassen 1 und 2. Braunschweig: Westermann.

KMK (SEKRETARIAT DER STÄNDIGEN KONFERENZ DER KULTUSMINISTER DER LÄNDER IN DER BUNDESREPUBLIK DEUTSCHLAND) (2005): Bildungsstandards im Fach Mathematik für den Primarbereich (Jahrgangsstufe 4). München, Neuwied: Wolters Kluwer Deutschland GmbH. Download unter: http://www.kmk.org/fileadmin/veroeffentlichungen_beschluesse/2004/2004_10_15-Bildungsstandards-Mathe-Primar.pdf

KRAUTHAUSEN, G. & SCHERER, P. (2007): Einführung in die Mathematikdidaktik. München: Spektrum Akademischer Verlag. 3. Auflage.

KÜTTING, H. & SAUER, M. J. (2011): Elementare Stochastik. Mathematische Grundlagen und didaktische Konzepte. Heidelberg: Spektrum Akademischer Verlag. 3. Auflage.

LEHRPLAN FÜR DIE BAYERISCHE GRUNDSCHULE (2010), München.

NEUBERT, B. (2012): Leitidee: Daten, Häufigkeit und Wahrscheinlichkeit. Aufgabenbeispiele und Impulse für die Grundschule. Offenburg: Mildenberger Verlag.

SCHIPPER, W. (2009): Handbuch für den Mathematikunterricht an Grundschulen. Braunschweig: Schroedel.

STAATSINSTITUT FÜR SCHULQUALITÄT UND BILDUNGSFORSCHUNG (2006): Kompetenz ... mehr als nur Wissen!. Download unter: http://www.kompas.bayern.de/userfiles/infokompetenz.pdf [aufgerufen am 20.08.2013]

**ULM, V.** (2010): Stochastik in der Grundschule. Tagung der Regionalkoordinatoren von „SINUS an Grundschulen" in Augsburg am 11. Mai 2010. Download unter: http://www.sinus-an-grundschulen.de/uploads/media/Workshop_Ulm_Stochastik.pdf [aufgerufen am 20.08.2013]

**WALTHER, G.; HEUVEL- PANHUIZEN, M. VAN DEN; GRANZER, D.; KÖLLER, O.** (2012): Bildungsstandards für die Grundschule: Mathematik konkret. Berlin: Cornelsen. 6. Auflage.

**WEIGAND, H.- G.**: Didaktische Prinzipien. Download unter: http://www.didaktik.mathematik.uni-wuerzburg.de/fileadmin/10040500/dokumente/Texte_zu_Grundfragen/weigand_didaktische_prinzipien.pdf [aufgerufen am 19.08.2013]

**WEINERT, F.E.** (2001): Leistungsmessungen in Schulen. Weinheim und Basel: Beltz.